U0123500

小唐 說

LISTEN TO TANG

我是小唐

一直從事包裝設計的工作

30 年來累積了一些想法

有一些話

想跟大家說

小唐自述

真的不想和你談設計

也不會和你說什麼大道理

因為你期望我談的包裝、設計，和我想告訴你的根本是兩回事。這樣講吧。我始終堅持相信那些放在產品上的圖像與文字，其實是一種與消費者溝通的「媒介」。沒錯，產品不會説話，怎麼會與消費者溝通？然而，能夠善用圖像及文字價值的產品，確實有辦法替產品做出「樣子、表情」，讓人看見它的想法、內涵、意圖。雖然產品沒講話，卻和消費者進行了無聲的溝通。所以，那些擺在產品上的圖像與文字，絕對不是你所謂的「包裝」如此簡單，而是企業可以用來和消費者對話溝通的媒介平台。你逛商店貨架的時候，當然聽不見產品向你說："嗨，來買我"！可是你一定有被某些產品的「樣子、表情」打動的經驗，你不只會停下腳步用眼睛和產品溝通，甚至會開始想像這件產品背後的故事、製造者的精神、企業的文化……。用通俗的說法，這叫“第一印象”。當別的產品可能連浮光掠影都留不下來，你的產品卻令人印象深刻，等於在第一線就贏了競爭者。以我自己為例，我是名重機騎士，我的穿著、髮型、表情、眼神都很有一種 fu。不必我開口自我介紹，路人用看的就感受得到那種 fu。因此帽靴褲套、髮型、表情不再是單純的形象包裝，而是和路人進行「無聲溝通」的媒介。事實上，我在奧美廣告設計部門工作的十幾年間，一直不是個擅長用講話與人溝通的人，我習慣用「樣子、表情、眼神、動作」與人溝通。自行創業到現在也已經二十多年，我早已不須透過語言向別人介紹「唐惠中」這個人，我的「樣子」其實就是別人判斷我這個人的媒介啊！把你自己做成某種「樣子」，你就變成足以與別人做深度溝通的媒介。同理，把你的產品做成某種「樣子」，產品也就變成足以與消費者交心搏感情的媒介。關於這個概念我真的有不少看法，而且和一般人的看法大異其趣。我花了三十幾年弄通搞懂其中道理，發現它的應用價值極大，否則我也不會浪費時間寫出來和你分享。至於你同不同意或欣不欣賞我完全尊重你。我不願意老王賣瓜，自吹自擂。因此，連這本書的名字都取得很簡約——小唐說．．．．．．．

小唐說什麼，你就聽什麼？不必！小唐說的，麻煩你仔細想想。如果認同，就不要聽聽而已，要去做做看。做了，你才會明白小唐說的真對！

豬肉酥
新東陽
Hsin Tung Yang
Fried Pork Fiber

包裝雖小

也將改變您

也能成就大事

銷傳播觀點

當你翻看到這頁

這本書的包裝就已經
成功了一半

還想知道另一半

請往下看

Uni-President
统一®
瑞穗鮮乳
高優質鮮乳
100%MILK
來自純淨 自然香純
精選純淨無污染的專業牧場，
乳牛在其中呼吸著新鮮空氣、喝著純淨水源、
一年四季飽嚐最鮮嫩的牧草，當然能
蘊育出獨具風味的高優質鮮乳。
同時結合現代化品管技術，領先引進國外
先進科學製程，從殺菌冷卻到充填包裝，
每一個細節都嚴格把關，完全封存新鮮、
美味及營養，確保每一滴鮮乳都像
牧場現擠一樣純淨新鮮！
來自純淨，自然香純。

我們想跟你談一下包裝
而不是跟你談設計

市面上談包裝設計的書太多了！

我們不想跟你談設計

我們單純只想談一下包裝

鹼性竹炭水

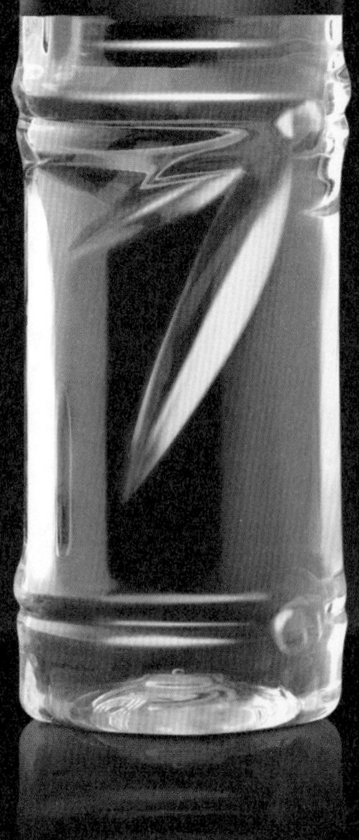

或許你會覺得

現在都已經進步到

手機上網或社群媒體

還有雲端經濟大數據了

大家每天都 Line 來 Line 去

怎麼還在談這個老掉牙的東西呢？

因為我們認為
當包裝得到應有的重視

設計才會展現能量

請你想一想

一個離消費者荷包
最近的傳播工具

應不應該獲得你我的真正重視呢？

左岸咖啡館
La gauche de La Seine
Café Latte
拿鐵咖啡
左岸咖啡館
La gauche de La Seine
Thé au Lait
昂列奶茶

先說一下
我了解的三個名詞的意義
方便你我溝通

媒介

譬如，報紙、雜誌、電視

媒體

譬如，國語日報、天下雜誌、TVBS

傳播工具

譬如，廣告、公關、直效行銷、大型活動

其實

我們的觀點很簡單

過去由於新媒介新媒體不斷的出現
行銷環境一直都是令人眼花撩亂
看得讓人無所適從

而當網際網路出現之後

使得這種眼花撩亂的感覺更加嚴重

而眼花撩亂的感覺會產生一種副作用

就是會對自己擁有的資源
產生不足感

ENJOY YOUR LIFE
BEER
FLAVOR
GREEN TEA
TEA DRINK
BEST QUALITY AND TASTE

就是總覺得
自己的預算不夠用

eBen
Fruit
Vinegar
PLUM
Natural Vinegar
Made In Taiwan
350ml
11.66fl.oz
eBen
Fruit
Vinegar
GRAPE
Natural Vinegar
Made In Taiwan
350ml
11.66fl.oz
eBen
Fruit
Vinegar
APPLE
Natural Vinegar
Made In Taiwan
350ml
11.66fl.oz

然而就算預算夠用

為了要讓自己與長官安心

最後還是會依據傳統的思路

運用某些傳統媒體來進行廣告影片

或平面廣告的刊播

無視於其實整個環境

已經有了很大的改變了

而另一種狀況則是

當這些新媒介的價格低廉
使用比傳統媒體還簡單
所以用的人變多了
所以造成廣告訊息大量增加

資訊多到使人來不及閱讀

但是在使用新媒介的時候
應該放棄傳統的單向的模式
來思考及使用

因為新媒介是雙向的

所以我們覺得需要以

新的思考
新的作業模式

甚至是新的組織來面對新媒介的運用

才合理

UNI
water
unique
U&I 純水
4710088636850

UNI
water
unique
U&I 純水
4710088636850
© uni-president. All Rights Reserved.

我的想法是

大家其實可以從手上有多少資源來思考

錢多

可嘗試新舊媒介混搭使用

錢少

就集中火力在單一媒介或單一媒體上

無論是新媒介或是舊媒介

能幫到你的

就是好工具

在這個混亂的行銷環境

我們擁抱新媒體新媒介

但是回過頭來

一些基礎工作

如商品包裝

或者你正在使用的傳統媒體

你有讓它發揮應有的效能嗎？

其實

我真的想建議你

就是現在

重新檢視

您目前使用的各項傳播工具的使用狀況

確認它們都有被好好的運用

龍
LON WHISKY 750ml 40%Vol.

我們先來檢視我們本行的包裝好了

商品包裝一直都是
商品不可或缺的一項傳播工具
但是長久以來備受忽視

在這裡

我們除了提醒大家

要重視並且做好包裝工作之外

並且為絕大多數

資源稀少預算不足的中小企業

提出一個以包裝為主體的

傳播思考模式與作業方法

預算足夠的業者

當然更可以使用這個方法

包裝所需耗費的資源與其他傳播工具想比

相對較少

並且與其他行銷傳播活動都能搭配

再提醒你一次

重要的是
包裝其實是
離消費者荷包最接近的
傳播工具

我們打算從十

二個面向來談

3點1刻
3:15pm MilkTea
any time any where
經典港式奶茶
Coffee Milk Tea
經典原味奶茶
Original Milk Tea
經典玫瑰花
Rose Fruity
經典炭燒奶茶
Roasted Milk Tea

3點1刻
3:15pm MilkTea
any time any where
經典原味奶茶
Original Milk Tea
3點1刻
3:15pm MilkTea
any time any where
經典伯爵奶茶
Earl Grey Milk Tea
6
經典港式奶茶
Coffee Milk Tea
3:15pm MilkTea
any time any where

第一面向　056

Money Ball & Think Small 魔球與往小處想

第二面向　108

從商品本身的角度來看
所有的傳播工具目標都一致
都在使消費者買我
因此都該受到相同的重視

第三面向　138

我們日常最常見的商品包裝
其實一直是被行銷企劃界忽視的傳播工具

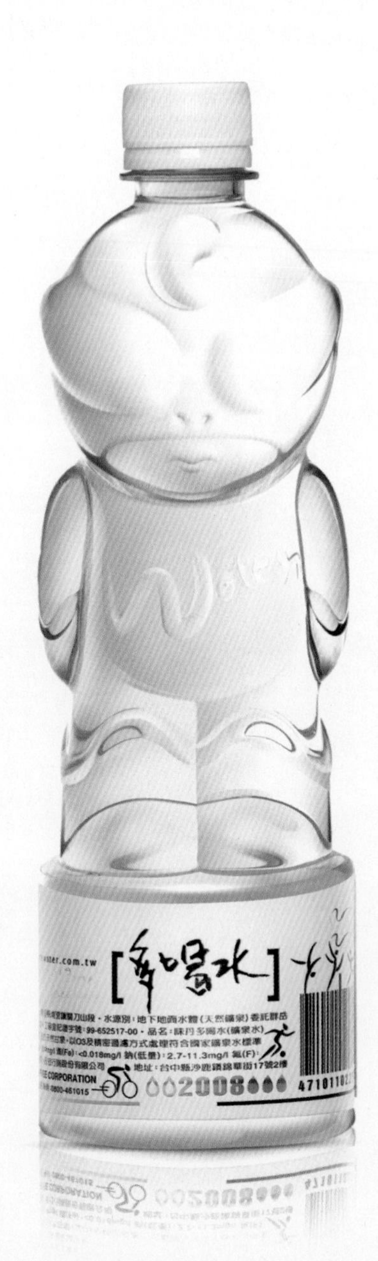

CORPORATION
2008

瓜地馬拉
Guatemala Antigua
鮮一杯
OneFreshCup
4 Packets | Net.Wt.1.12 oz 36g
Guatemala Antigua
法式重烘焙
French Roast
鮮一杯
OneFreshCup
濾掛咖啡
4 Packets | Net Wt.1.27 oz 36g
French Roast

蘇門答臘
Sumatra
鮮一杯
OneFreshCup
et Wt.1.12 oz 36g
義式烘焙
Italian Roast
鮮一杯
OneFreshCup
掛咖啡
4 Packets | Net Wt.1.27 oz 36g
精緻深焙
Gourmet Dark Roast
鮮一杯
OneFreshCup
掛咖啡
4 Packets | Net Wt.1.12 oz 36g

第一面向

Money Ball & Think Small

魔球與往小處想

為何包裝可以變
為何行銷傳播不

戒我們的魔球？
從小處著想呢？

媒體費用永遠是增加的

你何曾看過它們降過價？

這還只是說既存媒體

新媒體又不停的在產出

你永遠不知道該不該跟進？

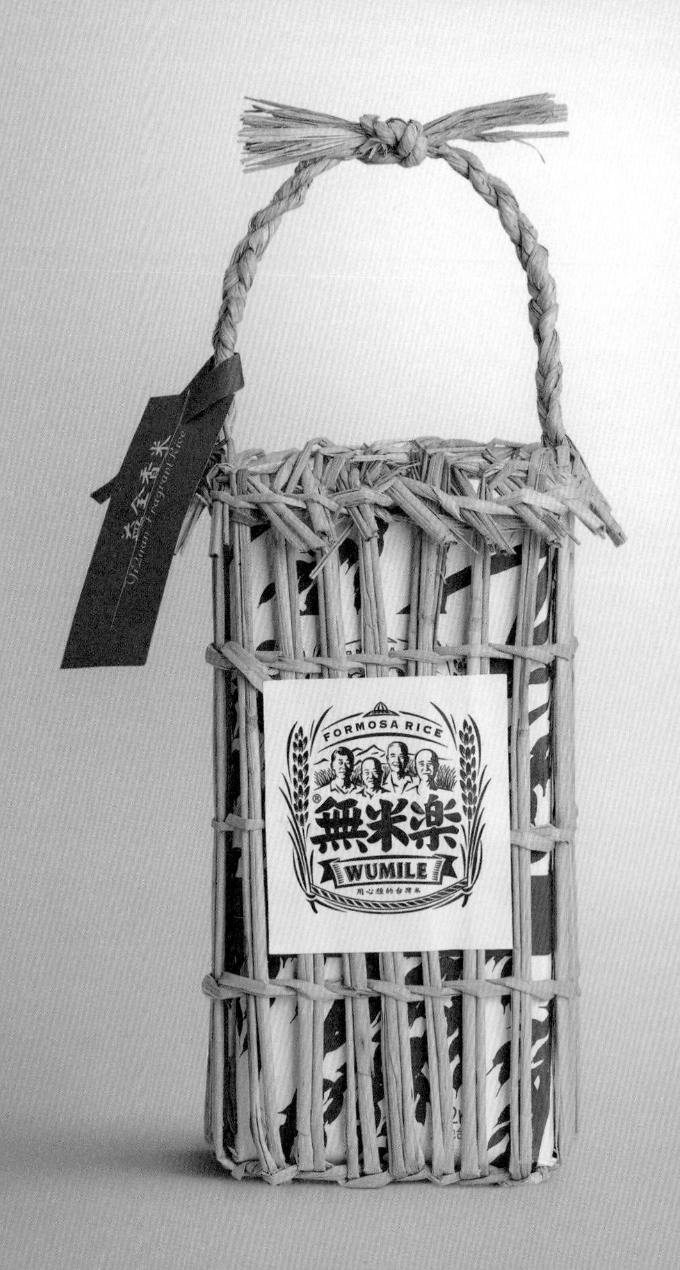
益全香米
YiQuan Fragrant Rice
FORMOSA RICE
無米楽
WUMILE
用心種的台灣米

當年舒茲教授出版整合行銷傳播

第一章講的就是
傳統行銷傳播的終結

舒茲教授的野心不言可喻

而他也確實做到了
終結傳統行銷傳播

他認為媒體快速增加
消費者對媒體選擇變多了

因此消費者越來越難被觸及到
大眾媒體廣告效果越來越差
所以要使用其他的傳播工具
如公關與直效行銷
以及促銷與大型活動等等
來觸及消費者

Lovers of Hokkaido

北海道の恋

Please enjoy special various taste. It will bring you delicious dreams.

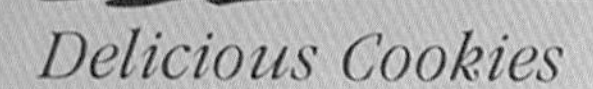

日式鮮奶精緻點心

環境的演變
使得整合行銷傳播
成為當時學界與業界的大熱門

然而到了 21 世紀

在學界聽到老師教授們

對整合行銷傳播的批評

大體上都圍繞在沒有新東西

沒有再推陳出新等等觀點上

我們認為
教授們的觀察沒有錯

因為整合行銷傳播推出至今 20 年

也到了該再演進的時候了

我們認為整合行銷傳播

過去是個解放行銷傳播概念的理論

把大家從只愛用一般廣告的習慣中

解救出來

77 Chocolates
新貴派
New Wafer Pie
香濃顆粒花生醬
Chocolate & Peanut Butter Wafer
我的美味應援!
Nutrition Facts

整合行銷傳播所提出的論述
是在說明將多種傳播工具
整合運用

使這些不同的傳播工具發出一致的訊息

並使一致的訊息能在各種可能的地方
來和消費者接觸
進而影響消費者

其實我們可以把整合行銷傳播看做一個終極的概念
因為它可以融合新舊所有的傳播工具

我們認為
簡單的來說
它是一種挑選傳播工具
來解決問題
或達成目標的過程

老楊
TK FOOD
老楊方塊酥
TkFood Cubic Pastry
雞蛋 EGG FLA
蛋奶素 OVO-LACTO NET W
老楊
TK FOOD
老楊方塊酥
TkFood Cubic Pastry
杏仁 ALMONDS
蛋奶素 OVO-LACTO NET W.T:120 g
老楊
TK FOOD
老楊方塊酥
TkFood Cubic Pastry
蔬菜 VEGETABLE
蛋奶素 OVO-LACTO NET W.T:120 g

也就是說
整合行銷傳播是
依照行銷目的或傳播目標
或者當下所面臨的傳播問題
來選擇適當的傳播工具
以達成行銷目的或傳播目標
或解決傳播問題的過程

辣味
ピリ辛
HOT
新東陽
Hsin Tung Yang
豬肉乾
PORK JERKY
Made In Taiwan

我們最近常常在想

整合行銷傳播把當年的我們從傳統行銷傳播中解救出來

如今整合行銷傳播會不會變得
跟當年傳統行銷傳播一樣
變成限制我們的新框框呢？

然而世界不停的往前與科技不斷的進步
且消費者不斷的改變

整合行銷傳播
是不是也如同當年的
傳統行銷傳播
變成了現在的
傳統行銷傳播？

BARISTA COFFEE
2X
Double Espress
& Double Cream
西雅圖双倍拿鐵™

當你如果是魔球電影中
布萊德彼特所主演的美國職棒大聯盟
奧克蘭運動家隊教練比恩
在無論資源與財力
都無法與紐約洋基隊抗衡的狀況下
卻還是要直接面對這場不對稱的戰爭

而且不只是
要面對
更要求勝

比恩因此發展出一套
有異於傳統主流的思考

Supreme
麥斯威爾
Maxwell House
精選咖啡
100%冷凍乾燥咖啡
Net Wt.150 g

不看傳統主流在意的數據

把重點擺在上壘率與選球

以及盜壘與觸擊等資訊

他青睞 B 咖球員

在有限資源下

爭取最大戰果

新安琪兒
neoangelac Plus
幼兒成長奶粉
Super
BETAPOL
PS&PC
LIPOFER
3
GOS
FOS
GROWING UP FORMULA
1歲以上幼兒適用 香草口味

不少人認為
媒體播出費用居高不下
各種媒體製作費用也省不下來

因此認定行銷只能花大錢

但是行銷史裡面

史蹟斑斑的告訴我們

完全不是那麼一回事

縱然有太多品牌
以廣告做得好而登上頂峰

但是也有很多品牌是沒有廣告的
在許多行銷傳播書籍裡面
包裝這件事是極少被討論到的
而在不景氣時代
刪的都是廣告預算
或公關支出

但是不會刪包裝預算
因為所占極小
而且它其實不可或缺

因為當我們沒有資源的時候
可以不做廣告或可以不做公關

统一魔力
Glamour Beauty
Q10膠原飲
年輕·水嫩
Q10 30mg·膠原蛋白10000mg

统一魔力
Glamour Beauty
珍珠益母草飲
月順·光采
女性體質調理專用

但是卻不能不做包裝
因為沒有包裝
就根本不能上市面對消費者

根本沒辦法排上通路的貨架！

日正
SUN RIGHT
麵包粉
吐司
麵包機專用
日式原味
Original
內附速發酵母
NET WT.300g(10.6oz)

在 1960 年代

廣告大師威廉彭巴克

幫福斯金龜車做的經典廣告 -

Think Small

要喜愛大車的美國消費者轉而欣賞小車

在這個媒體訊息擁擠
資源不足的年代

無論你是小咖
B 咖或大咖
這次請善用整合行銷傳播
不妨從小處著想

TOBLERONE
Pralinés
TOBLERONE
Pralinés
TOBLERONE
Pralinés
TOBLERONE
Pralinés
TOBLERONE
Pralinés

因為在現在重要的是資源

不是策略也不是傳播工具

因為沒有資源或資源不足

根本就談不上策略或傳播工具

資源不足會使得

策略上想做的做不到

Chocolates
70% 黑巧克力
cocoa
BLACK CHOCOLATE
THE MOST ROMANTIC FLAVOR
CHOCOLATE

也就是說

能用的傳播工具很有限

O'Black
Cone
歐布雷特甜筒

這個時候

請你想想

善用花費小小的包裝吧

一本
E.Ben
鮮梅
果凍
PURE PLUM JELLY
GELÉE PRUNIER
台灣製造/本品無添加防腐劑
MADE IN TAIWAN 240 g

一本
E.Ben
荔枝
椰果
LICHEE FLAVOUR
COCONUT JELLY
GELÉE À
SAVEUR DE LITCHI
台灣製造/本品無添加防腐劑
240 g

一本
E.Ben
冰果
優酪
FRUIT YOGURT
〈綜合水果口味〉
Net Weight.335 g/11.8 oz

第二面向

從商品本身的角度來看
所有的傳播工具目標都一致
都在使消費者買我
因此都該受到相同的重視
所以所有的傳播工具都應該
受到同等對待
不要大小眼

我們這些行銷傳播人員每天想盡各種辦法

整合行銷？網路行銷？

現在正夯的是甚麼？

手機上還有甚麼新的東西？

整合行銷不斷的整合新工具

因此我們的眼光都集中在

新媒介新媒體新工具

RAINBOW
虹牌油漆
60th
60週年紀念
環保塗料 Water Based Paint

我們是否該回頭
看一下我們的舊媒介
舊媒體舊傳播工具
用得好嗎？

IRIS
炫彩
NET. 1US GALLON

人類自古有商業行為以來
無不致力於
使別人來選我買我的商品

在傳統市場我們會吆喝吸引人們注意

會把蔬果豬肉排列整齊
展現它們最好的一面

再不然總要有個標示

好告訴大家

我在賣東西

儒林外史裡的范進中舉那一章不就寫道

范進去市集賣雞

因此他就在雞頭上插個草標

意思是我這雞是要賣的呀

大夥誰想買的快來問個價錢吧

而這個路旁胡亂編成的草標

就現代的眼光來看

不就是手持式廣告牌

范進賣雞沒有包裝？

沒有包裝也是種包裝

而插在雞身上的草標

其實就是賣場 POP

舒茲教授在整和行銷傳播的第一章就提到；
在廣告初期發展之後
19 世紀美國百貨業之父
約翰·華納梅克（John Wanamaker）
說過一句名言：

「我知道我花的廣告費
有一半是浪費掉了，
但問題是，我不知道浪費的
是哪一半。」

靜岡玉
茶葉30%「增量」
茶多酚達480mg「增加」

古代並沒有近代廣告所謂的媒體
因此各種作為非常具有直接效應

草標一插生死立見
沒有浪不浪費的問題

不是全有就是全無

因為消費者
與商品的距離
非常的近
就在眼前

與近代廣告不同的地方就在於

消費者與商品之間是有距離的
而廣告
就是消費者與商品間的連結

消費者有反應

這個連結才算有效

這是沒有浪費的那一半

1960 年代大眾行銷 4P 理論

產品、定價、通路與推廣
(Product、Price、Place、Promotion)

是因為那個時代的需要應運而生

雖然科技已經進步

環境已經改變

但是約翰·華納梅克的話語

還是在業界流傳

CHLITINA
WHEAT
GERM-E OIL
A RICH NOURISHING
OIL CONTAINING
EXTRA FINE OLIVE OIL,
WHEAT GERM
OIL AND 100% PURE
VITAMIN E TO
PROVIDE THE SKIN
CELLS WITH GREAT
SOURCES
OF NUTRIENTS AND
ANTI-OXIDANTS
CHLITINA
WHEAT
GERM-E OIL
A RICH NOURISHING
OIL CONTAINING
EXTRA FINE OLIVE OIL,
WHEAT GERM
OIL AND 100% PURE
VITAMIN E TO
PROVIDE THE SKIN
CELLS WITH GREAT
SOURCES
OF NUTRIENTS AND
ANTI-OXIDANTS

然後是 1990 年代

由於新媒介與新媒體工具
不斷出現
行銷環境競爭激烈
商品同質化
訊息數量爆炸式的增加

用 60 年代的行銷理論
應付行銷工作有點力不從心

因而整合行銷傳播
將 4P 推向了 4C

4C 有別於 4P

產品 Product 的字首為 P

說明了 4P 其根源是製造

而消費者 Consumer 的字首為 C

意即 4C 改以從消費者的角度來思考

yú
漁大師
TM
大西洋鱈魚块
Atlantic Cod Portion
野生深海捕捞
绝无添加剂
净含量 Net Wt. 300克 g

這 4C 分別是

Consumer needs and wants

消費者的需求

Cost

消費者要滿足其需求

所必須付出的花費

Convenience

使消費者便利的取得商品

Communication

與消費者溝通

既然要從消費者的角度來思考

那麼

包裝這個傳播工具

使得每個企業主或廣告主都像范進一樣

直接面對消費者

對在第一線的

對直接面對消費者的

對離消費者荷包最近的

傳播工具

你真的要重視

要善加利用

要把包裝

看得跟廣告及公關一樣重要

消費者離包裝最近

只有包裝能在最近的距離
對消費大喊一聲
買我！！

VODKA
LEMON JUICE &
VODKA
vodka from best grain
The exclusive process
in quality and flavour

第三面向

我們日常最常見的商品包裝

其實一直是

被行銷企劃界忽視的傳播工具

在業界

整合行銷傳播理論的起源

是在業界

最早提出的是

美國 Y&R（揚雅廣告）

那時為了提供客戶
一次購足的服務
想要提供客戶完整的
行銷傳播服務
將這種想法稱之為
the Whole Egg 全蛋理念

之後奧美廣告也有類似的動作
在八〇年代引進台灣
名稱叫做奧美管弦樂團

ХЛЕБ СОЛЬ
TIRAMISU
RUSSIAN ICE CREAM
ХЛЕБ СОЛЬ
RUM RAISIN
RUSSIAN ICE CREAM
ХЛЕБ СОЛЬ
RUM RAISIN
RUSSIAN ICE CREAM
ХЛЕБ СОЛЬ
VANILLA
RUSSIAN ICE CREAM
ХЛЕБ СОЛЬ
CHOCOLATE BROWNIE
RUSSIAN ICE CREAM
ХЛЕБ СОЛЬ
TIRAMISU
RUSSIAN ICE CREAM
ХЛЕБ СОЛЬ
STRAWBERRY
RUSSIAN ICE CREAM
ХЛЕБ СОЛЬ
MANGO
RUSSIAN ICE CREAM
ХЛЕБ СОЛЬ
ХЛЕБ СОЛЬ

ХЛЕБ СОЛЬ
ROCKIN BLACKFOREST
RUSSIAN ICE CREAM
ХЛЕБ СОЛЬ
CHOCOLATE
RUSSIAN ICE CREAM
ХЛЕБ СОЛЬ
MANGO
ХЛЕБ СОЛЬ
MILK CARAMEL
ХЛЕБ СОЛЬ
STRAWBERRY
RUSSIAN ICE CREAM
ХЛЕБ СОЛЬ
CHOCOLATE BROWNIE
RUSSIAN ICE CREAM
ХЛЕБ СОЛЬ
BRANDIED BLACK CHERRY
RUSSIAN ICE CREAM
ХЛЕБ СОЛЬ
RUM RAISIN
RUSSIAN ICE CREAM
ХЛЕБ СОЛЬ
ХЛЕБ СОЛЬ

商品包裝在這樣的狀態下
就廣告公司的獲利而言

相對其他傳播工具來說
顯得微不足道

包裝被忽視或蔑視
其實是必然的

不過這個服務還是必須包含
在廣告公司的體系之內

在學術界

商品包裝的遭遇可就更慘了

基本上我們翻開許多古今中外整合行銷傳播

的專門著作書籍

商品包裝不是所佔篇幅
小到令人足以
忽視其存在的地步

要不然就是根本沒有
彷彿根本沒有商品包裝這回事

問題是
是不是真的
所有企業主或廣告主都擁有
大量且足夠的資源

發動就算不是排山倒海
但是也能夠讓人看見的廣告活動
或公關活動
或者大型 Event 呢？

台灣
地瓜酒
古法釀製
サツマイモ酒
SWEET POTATO
WINE
台灣
地瓜酒
古法釀製
サツマイモ酒
SWEET POTATO
WINE
40%
150ml

可是在業界與學界

從實務與學術的角度
都是先預設
一個資源充沛的立場

來做學術研討或工作思考

在這些個機構裡面工作或求學之後畢業

在職場能否應付往後遇到
資源不充沛
甚至沒有資源時的狀況呢？
這不禁令人懷疑

現實狀況是

資源不充沛對一般的企業主或廣告主來說

根本就是常態

不可能所有的
企業主或廣告主都有
足夠的錢來做廣告或公關
或大型 Event 的！

怎麼觀察？
很簡單

你只要跑進任何一間便利店

或超市乃至大賣場

去看看是做廣告的商品多

還是不廣告的商品多？

拉開
有效日期年月日
VITALON
650ml
20元
大灌回甘
御茶園
第一口就回甘
蜂蜜冰鮮綠
ICE GREEN TEA
冰釀紅茶

而自從網際網路興起後
零售業商店
這個業態受到很大的衝擊

因為除實體的商店之外

虛擬商店也應運而生

THE MOST FAMOUS TEA IN TAIWAN
Taiwan
大地茶露
TEAMASTER
淨重4.23盎斯NET WT.:4.23OZ POIDS NET:120g
Product of Taiwan Produit de Taiwan

您可以思考一下
如果沒有商品包裝
虛擬商店
將無法運作

因為消費者會無從識別你的商品
更別說要做到差異化了

無論資源有無或多寡
不管時代怎麼變
都不要忽視商品包裝

第四面向

你所該知道的行銷傳播環境

真實概況

九〇年代整合

行銷傳播的成因

前面說過了整合行銷傳播的起源
而其成因是客戶與廣告公司發現

市場環境的改變
商品競爭者越來越多
並且商品同質化的問題
越來越嚴重

同時新媒體
也如雨後春筍般的不斷出現

因此傳統媒體上的傳統廣告
效果不像以前那麼的好

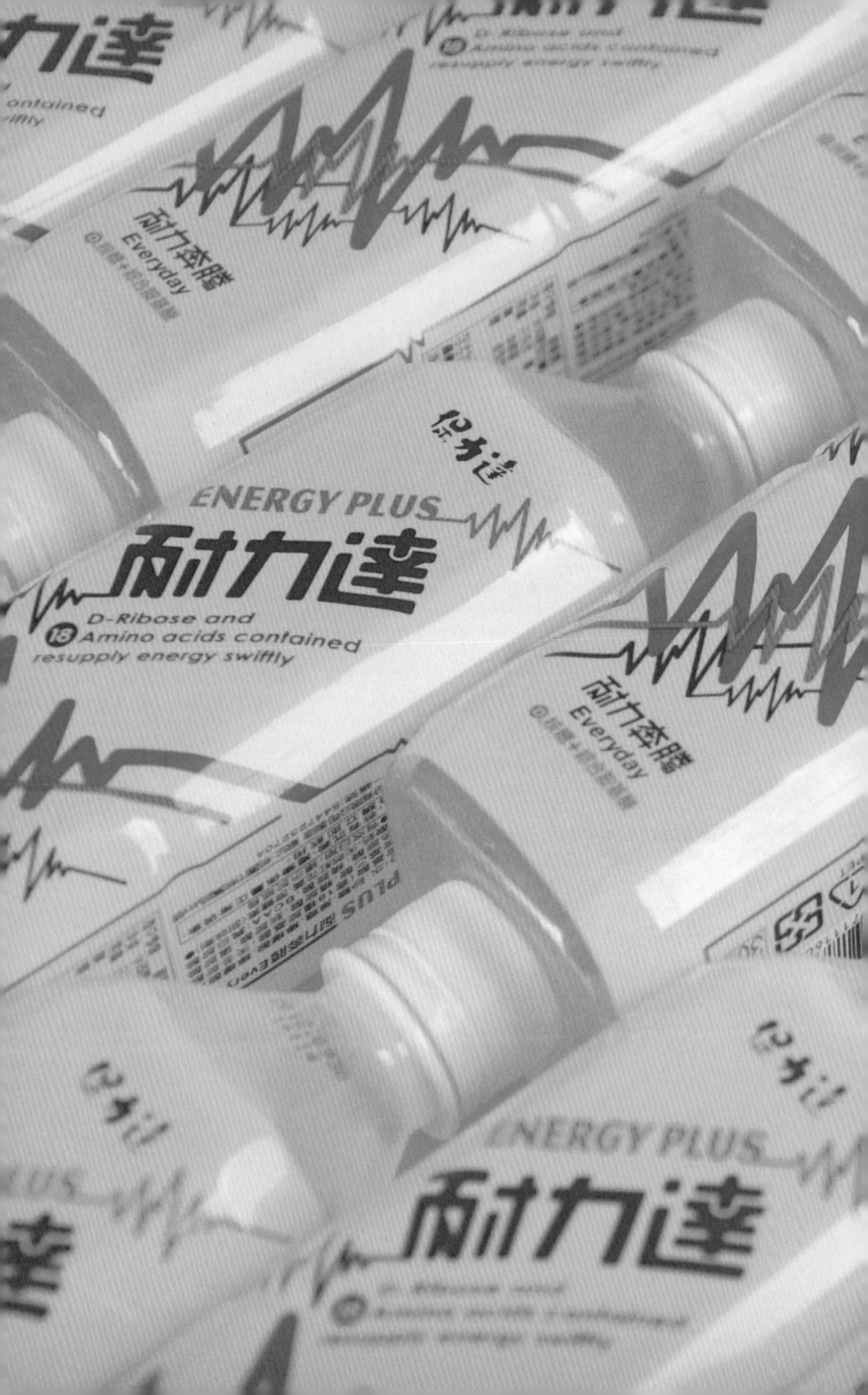
ENERGY PLUS
耐力達
D-Ribose and
18 Amino acids contained
resupply energy swiftly
耐力奔騰
Everyday
ENERGY PLUS
耐力達

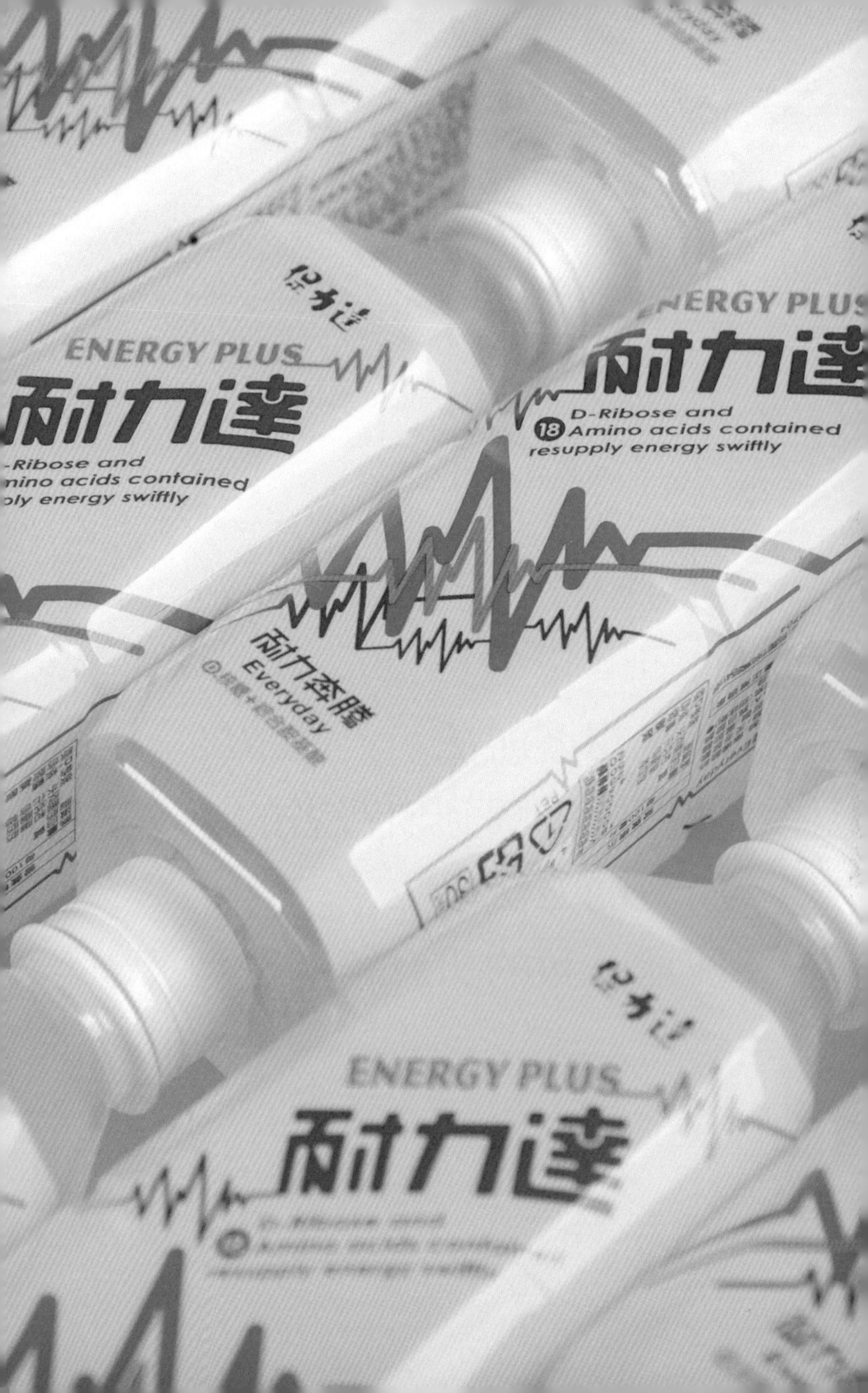
ENERGY PLUS
耐力達
D-Ribose and
18 Amino acids contained
resupply energy swiftly
耐力奔騰
Everyday

所以才會有整合行銷傳播的誕生
它的道理很簡單

就是想盡辦法
運用能接觸到消費者的
所有的方法
傳遞一致的訊息給消費者

TEAR HERE/DÉCHIRER ICI
RESEALABLE ZIPPER! FEMETURE À GLISSIÈRE À PRESSION!
Dan·D pak™
丹帝牌
Philippine
Mango
Mangue
Dried-Séchée
呂宋芒果乾
Net Wt./Poids Net 200g (7 oz)

在業界
大家都以整合行銷做招牌

業界以整合行銷傳播為名的公司比比皆是
但仔細觀察其工作內容又不見得那麼全面性

看來大家通通會說得一口好的整合行銷傳播

但是落實到實際作業卻又不是那麼一回事

理想中的整合行銷傳播的作業流程

首先
要確認問題之所在
其次
才是傳播工具的選擇

但是在實際作業中卻恰好相反

大家還是跟 60 年代一樣

已經順理成章的

幫客戶挑好了傳播工具

是大家熟悉的

而非因應解決客戶傳播問題的傳播工具

而整個行銷傳播的產業鏈
也正配合這個預設
所以你要玩這個遊戲
就必須依照這個遊戲規則

多果汁
APPLE JUICE
多點蘋果
果汁10%
多果汁
GUAVA JUICE
多點芭樂
果汁20%
多果汁
ORANGE JUICE
多點鮮橙
果汁15%
多果汁
GRAPE JUICE
果汁15%

這樣的做法其實
不應該叫整合行銷傳播
而應該稱之為行銷傳播組合

有效日期(西元年月日)
Expiry Date
冷藏7℃
新鮮直送!
立頓冰茶
水果茶
Lipton
Ice Tea
FRUIT
蜜桃茶
PEACH

而當網際網路出現之後

其實是在考驗
整合行銷傳播當中「整合」
兩個字的真實性

因為網際網路廣告的評估方式
與一般廣告的評估方式的差異性
是無法整合到一起的
更別說廣告與公關的評估標準本來就不同的

這個整合其實是跛腳的整合

如果真的要將傳統與

網路媒體的媒體計劃整合

就必須將二者的評估標準整合

否則最後還是會變成各做各的

而我們認為

如果將傳統媒體上的
媒體評估標準直接搬到
網路媒體上

是一個最大的誤用

古道®
梅子綠茶
Plum & Green Tea

因為這是將單向媒體的標準

搬到雙向媒體上

其實就是把網路媒體

當成傳統媒體

是新瓶裝舊酒

這是行銷傳播環境的現實
與理想有差距
但是我們還是要面對

第五面向

媒體環境複雜更勝以往

大家眼光都在網路

何不回頭檢視基本功
做得怎樣？

不只新媒體

新媒體不斷的加

無止境的產出

便有新媒介的產生

再說一遍

媒介指的是

能夠刊播訊息或資訊的載具

而媒體則是由組織

或機構所開辦的個別媒介

我們這樣說吧

報紙是媒介

XX日報就是媒體

天然栽培健康米と
遺伝子組換えでない天然大豆
麦
味・噌
全素
HACCP
500g(17.6oz)
麦
500g(17.6oz)
天然栽培健康米と
遺伝子組換えでない天然大豆
千貝
味・噌
HACCP
500g(17.6oz)
500g(17.6oz)
天然栽培健康米と
遺伝子組換えでない天然大豆
全素
HACCP
500g(17.6oz)
500g(17.6oz)

如果以網際網路的出現
當成新舊的分水嶺

在舊時代

增加的是新媒體

在新時代

增加的除了新媒體

還有新媒介

BEE FARMER
養蜂人家
BEE FARMER
養蜂人家
HONEY VINEGAR

過去

平面媒體最早出現

而後是廣播

再來是電視

如今出現的網際網路則是
將三者的特點合而為一

並且還能夠做到雙向溝通

而最令人驚訝的是

網際網路不再只是
固定在一個地方

手機本來是一個隨身的聯絡工具

但是智慧型手機成了一個隨身的網際網路

對消費者而言
不但選擇增加
甚至因為新媒介的出現
其生活型態與生活習慣
也因而改變

優鮮沛
蔓越莓
Refreshers
果農特級
蔓越莓
果汁12%

而且其改變幅度之大

已經超越整合行銷傳播 1993 年出版

當時的時空環境了

chunzaidesign

對行銷者廣告主而言

媒體的增加

就已經使得原本的媒體計畫與執行

產生某些程度的困擾

如今新媒介如網際網路
與手機的出現
已經不只是困擾

而是傳統媒體計畫的思維
還適不適用的問題？

我們根本認為傳統媒體計畫已經無法
適應新媒介與新環境

需要做最大幅度的調整

太麻里
太峰
高山茶
Tai-Fong High Mountain Tea
太麻里
太峰
高山茶
Tai-Fong High Mountain Tea

傳統媒體

已經無法

計劃的思維

寸這種局面

傳統媒體計畫
是以平面與電子媒體為主
單向傳播廣告主的訊息

而當網際網路與手機上網出現後

還在用單向媒體的思維
來思考媒體計畫

也就是

只求訊息能夠

觸達目標對象就好

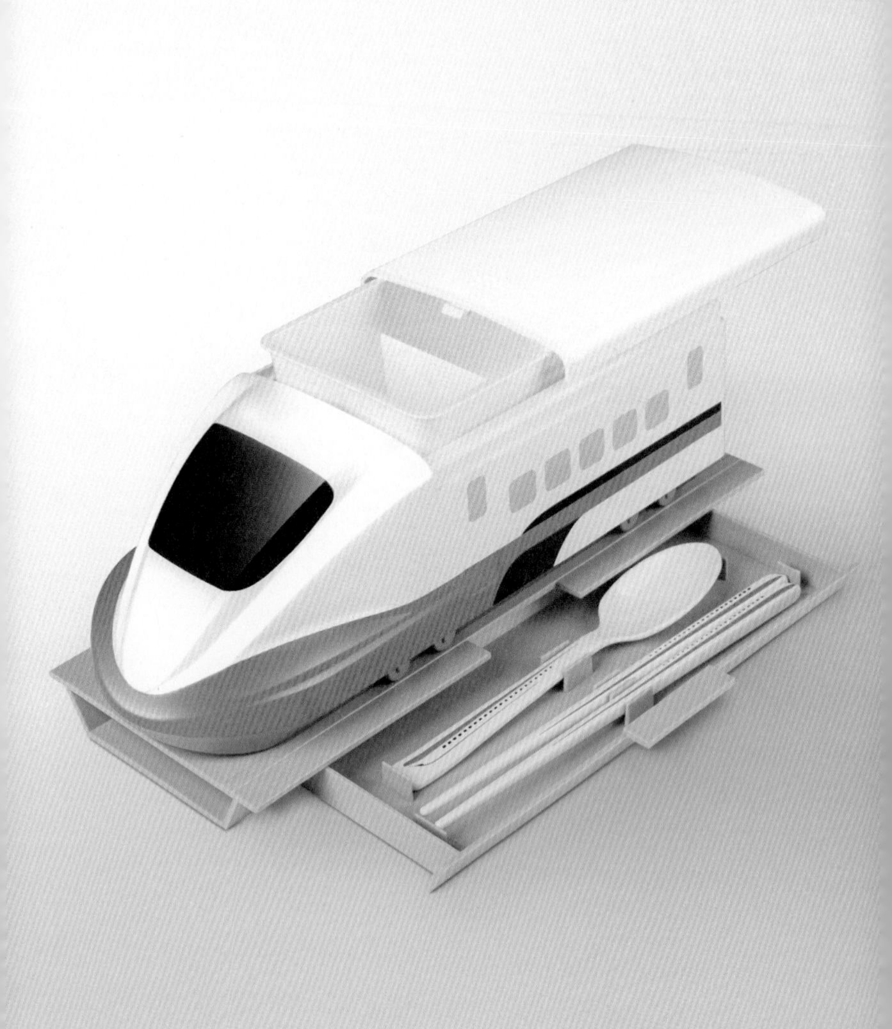

而不去思考其有無回應
或者回應是什麼？
是否有詢問？是否有交易

這完全不在現時的媒體計畫考量範為之內

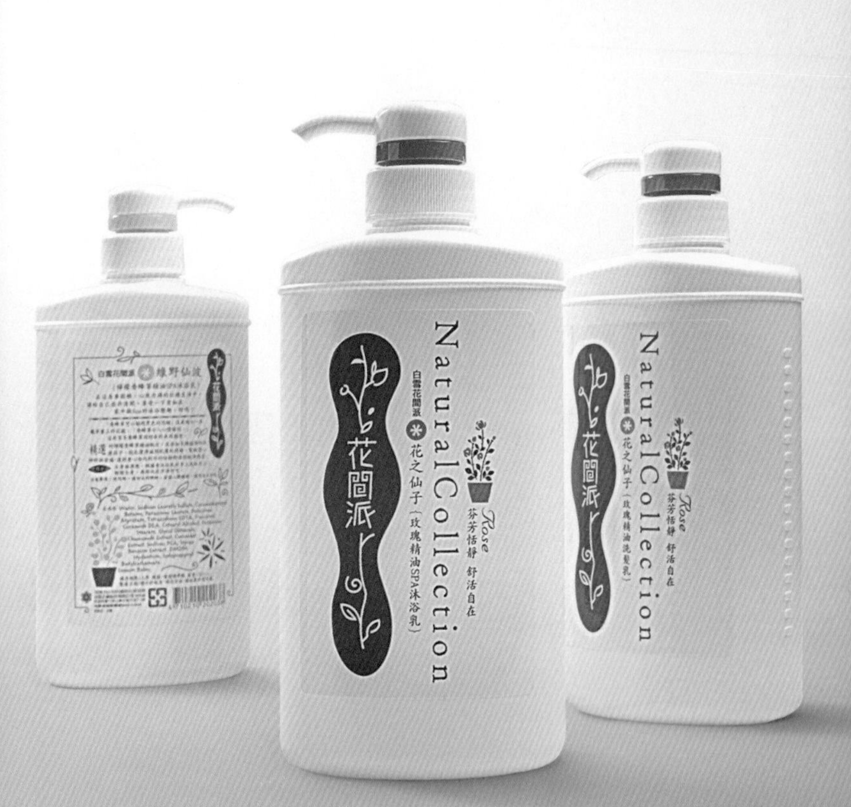
花間派
Natural Collection
白雪花間派
花之仙子（玫瑰精油SPA沐浴乳）
Rose
芬芳恬靜 舒活自在
花間派
Natural Collection
白雪花間派
花之仙子（玫瑰精油洗髮乳）
Rose
芬芳恬靜 舒活自在

其實這也不能怪媒體企劃人員

因為整個廣告產業從過去
到現在的思維裡

都只是認為廣告本身的
功能只能在幫助銷售

而不是完成銷售

在我們現在
這個雙向媒體的時代
還能這樣思考嗎？

水平衡
Hydronet™
Perfume
Shower gel
紅色魅力泡泡香浴露
水平衡
Hydronet™
Perfume
Shower gel
紫色夢幻泡泡香浴露

答案當然是否定的

但是傳統媒採公司可不會幫客戶
做這層思考

因為說穿了跟利益有關
而與效益無關

媒體採肆

商的遲疑

在上個世紀 90 年代

媒體計畫與採購從傳統廣告代理商

獨立了出來

因此
廣告產業多了一種新業態
就是媒體採購商

雖號稱是媒體採購

但主要還是以大型傳統媒體為主

立體的如電視廣播

平面的如報紙雜誌

網路媒體加入媒採公司

是近十年的事

目前還是以傳統為主

網路為輔

Sunlus
ACCURATE
Digital Thermometer
Fast Read 30'
LCD LARGE
FLEXIBLE TIP
FEATURES
● Fast measurement ● Flexible Tip
● Large LCD display ● Waterproof
● Backlight ● Fever Alarm
KD-113

Sunlus
ACCURATE
Digital Thermometer
60'
37.5°C
FEATURES
● 60 seconds measurement
● Memory ● Fever Alarm
BD-118
MEMORY

所以事實上

在你的商品還沒有進入媒採公司之前

你的商品要上廣告之前

其媒體選擇已經大致完成

基本上早就幫你選好了

剩下就是預算配置的問題了

你認為這是你專屬的媒體計畫？

還是一般所有品牌通用的媒體計畫呢？

媒體的選擇就只有這些了嗎？

Mind Act Upon Mind
心相印
Handkerchiefs 手帕紙
for soft and comfortable life you can really feel good
10 piece
Mind Act Upon Mind
心相印
Handkerchiefs 手帕紙
Mind Act Upon Mind
心相印
Handkerchiefs 手帕紙
茶语系列
10
柔软舒适好心情
For soft and comfortable life you can really feel good

你可能不知道
其實網際網路媒體
很晚才進入媒採公司
成為採購的一部份的

其實廣告客戶與企業主
是走在媒採公司之前

先採用網際網路媒體

媒採公司是事後才跟進的

第六面向

我們看到的
整合行銷傳播真相

真的整

合了嗎？

其實每個廣告主或行銷人員
還有教整合行銷傳播的
都該好好地問自己

真的整合了嗎？

我們認為整合行銷傳播不應該是

為了整合而整合

不應該是為了一致性而整合

而是

資源夠嗎？

整合是需要龐大資源的

前面說過

很重要的一個觀念是

整合行銷傳播是挑合適的工具

來解決問題的一個過程

PiNO™
品诺
Glorious quality creates perfect taste
PiNO™
品诺
Glorious quality creates perfect taste
PiNO™
品诺
Glorious quality creates perfect taste

要問為何要挑？

合適的工具有哪些？

資源夠嗎？

當然要挑

因為不是所有的人都有足夠的子彈

都有充足的資源來打仗的

瞭解傳播工具之間的差異性
能夠讓你花錢花在刀口上

比如當你想要傳達可信度高的訊息時

應該知道運用公關這個傳播工具的記者會

再經由記者的書寫

刊登在報上的新聞

會比登廣告來得有效吧！

不是所有的傳播工具都用了就叫整合行銷傳播

起碼要挑過

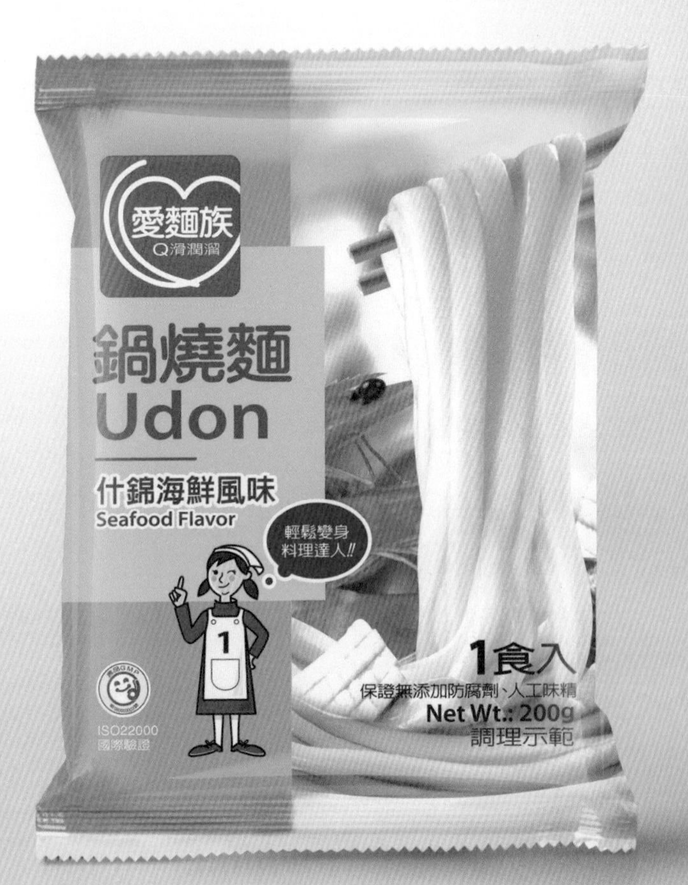

愛麵族
Q滑潤溜
鍋燒麵
Udon
什錦海鮮風味
Seafood Flavor
輕鬆變身
料理達人!!
1
1食入
保證無添加防腐劑、人工味精
Net Wt.: 200g
調理示範
ISO22000
國際驗證

也許經過評估
資源不充足
只挑了一種傳播工具

我們仍然叫他整合行銷傳播

因為我們認為挑選工具的過程

比使用工具的多寡

真的重要多了

新東陽
HSIN TUNG YANG
陽
桂花
酸梅湯
謹遵祕方
生津降火
台灣
taiwan
made
PLUM
DRINK
NET VOLUME : 490ML
淨容量:490毫升

整合行銷傳播

忽視了什麼？

整合行銷傳播的理論
完全是以大企業大兵團資源充足的
狀態下來論述的

忽略了中小企業主的需求

十全
香辣美味
辣椒醬
Chilisauce
NetWt.:580g(20.3fl.oz)

忽略了在資源不充足的
狀態下的運作論述
中小企業主
不是非得打正規戰不可

老公仔標
Grandpa Brand®
Since1912
通過ISO22000及
HACCP系統驗證
純白胡椒粉

但既然整合行銷傳播是
挑合適的工具
來解決問題的一個過程

中小企業主
在運用整合行銷傳播思考時
可以避開
需要充沛資源的傳播工具
打一場與眾不同的戰爭

翻開教科書

缺

與業界教案

什麼？

舉個例子來說

我們翻閱古今中外的整合行銷傳播教科書

或者業界撰寫的相關教案

缺乏在資源不充足狀態下的運作論述

更重要的

是對資源相對不是耗費很多的傳播工具

比如商品包裝
就被很徹底的忽視

比如我們所熟知的瑞典 ABSOLUT 伏特加
當年在就是以平面廣告在美國崛起

不是資源不充沛

而是美國當時的法規限制酒類商品上電視
而如今這個禁令已經放寬

有效日期年月日
拉開
纖果食感
orangeade
柳橙果汁飲料
還原果汁25%
有效日期年月日
拉開
纖果食感
appleade
蘋果果汁飲料
還原果汁30%

而後來荷蘭 Ketel One 伏特加是個家族企業

負擔不起廣告費

因此以辦對酒保等通路人員的研討會打開銷路

它們開始做廣告是在荷包已經賺飽之後

CARAMEL MACCHIATTO
coffee
BARISTA COFFEE
焦糖瑪琪朵冰沙
LATTE FLAVOR
coffee
BARISTA COFFEE
拿鐵咖啡冰沙

誰都能做整合

行銷傳播嗎？

其實一開始就把資源的多寡因素考慮進去

那人人都能做整合行銷傳播

KRAFT
可口
Lucky
可口奶滋
葡萄
淨重:230公克

KRAFT
可口
Lucky
可口奶滋
蜂蜜燕麥
淨重:190公克

KRAFT
可口
Lucky
可口奶滋
原味
淨重:190公克

因為整合行銷傳播是要協助你
認識並熟悉各項傳播工具

以便挑選適當的傳播工具

符合你所具備的資源的多寡

資源多

那就多挑選幾樣傳播工具

或者偏重在某些個傳播工具

資源少

就少用一些傳播工具

或者偏重單一工具

視競爭態勢與資源多寡而定

福爾摩沙
用心疼台灣
足感心！
〈台中大甲篇〉
桂花香芋
TARO
福爾摩沙
用心疼台灣
足感心！
〈台南玉井篇〉
芒果
MANGO

第七面向

在資源不足的狀況下進行整合行銷傳播

以包裝為主的整合行銷傳播概念

媒體的花費

越來越龐大

要不要打聽一下一個報紙全二十多少錢

一個電視黃金時段三十秒要多少錢？

製作費還沒計算呢？

烏酢
くろい酢
寿司酢
寿し酢
Net Wet.500ml
紅酢
あか酢

就我們入廣告行業以來

就不曾聽過廣告媒體的刊播費有跌價的例子

如今由於媒體眾多

廣告訊息要觸及目標對象

也就越來越難

因此要達到效果

勢必要增加預算

或者反向思考，依

何不先從

在有限的資源能做什麼？

包裝開始？

中小企業主預算不多
資源不足

或者大企業中比較不受青睞的商品
資源相對較少
那不如仔細衡量能用的傳播工具有哪些？

VINEGAR
蜜桃醋
VINEGAR
蘋果醋
READY TO DRINK
淨含量140ml/4.93fl.oz
Plum
VINEGAR
青梅醋
Plum aroma , sweet and sour taste
即飲品
うめ
READY TO DRINK
淨含量140ml/4.93fl.oz

還是一樣

你需要思考的是

你走進 7-11 或超市在他們店內陳列的商品

是有打廣告的多

還是沒打廣告的多呢？

GuKengPineapple
BestQuality 精選鳳梨 PINEAPPLE
雲林縣
古坑果菜
生產合作社

其實你會發現

有很多商品是不做廣告的

當然有些是不用做的
不管原因如何
他們還是做了一個工作

那就是商品包裝

SNOW LOT
HERB CLEANSING
Leafcare

SNOW LOTUS
HERB BALANCE MASK
Leafcare

NOW LOTUS
ERB BALANCE
CTIVE WATER
eafcare

SNOW LOTUS
HERB WHITENING
ESSENCE
Leafcare

SNOW LOTUS
HERB CONFORT CREAM
Leafcare

所以我們一再的說

你們可以不做廣告或可以不做公關
可以不做直效

可以不做一拖拉庫東東

但是卻不能不做包裝!!

立體壓花
16片
康乃馨
Carnation
0.2cm 超薄蝶型衛生棉
量多型
柔棉表層・舒服一身

以包裝為主的整

合行銷傳播概念

還是一樣
你需要思考的是

現在所需要解決的傳播問題是什麼？

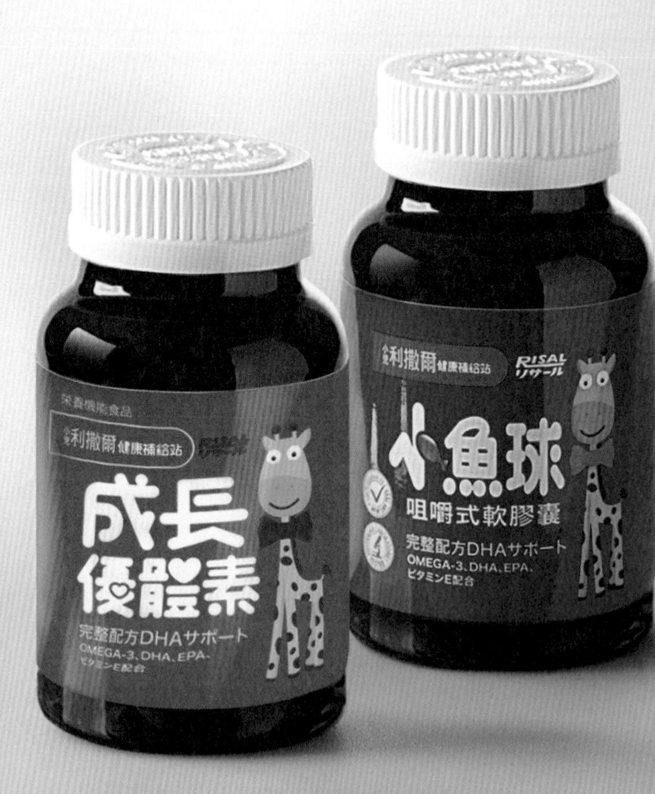
栄養機能食品
利撒爾健康補給站
成長
優體素
完整配方DHAサポート
OMEGA-3、DHA、EPA、
ビタミンE配合
利撒爾健康補給站
RISAL
リサール
小魚球
咀嚼式軟膠囊
完整配方DHAサポート
OMEGA-3、DHA、EPA、
ビタミンE配合

包裝所要取代的傳播工具是什麼？

如果你要推促銷

那你促銷的方案是甚麼？
那包裝
該怎麼呈現促銷的動力呢？
以便能夠
達到催促消費者的功能

如果你想做公關

在沒有其他傳播工具的配合下

要如何吸引媒體與消費者的目光呢？

Rose Girl
Rose Girl
Rose Girl

如果你要做廣告

在沒有其他媒體協助的狀況下
要如何運用這個其實擺上貨架
就等於一直在播放的媒體呢？

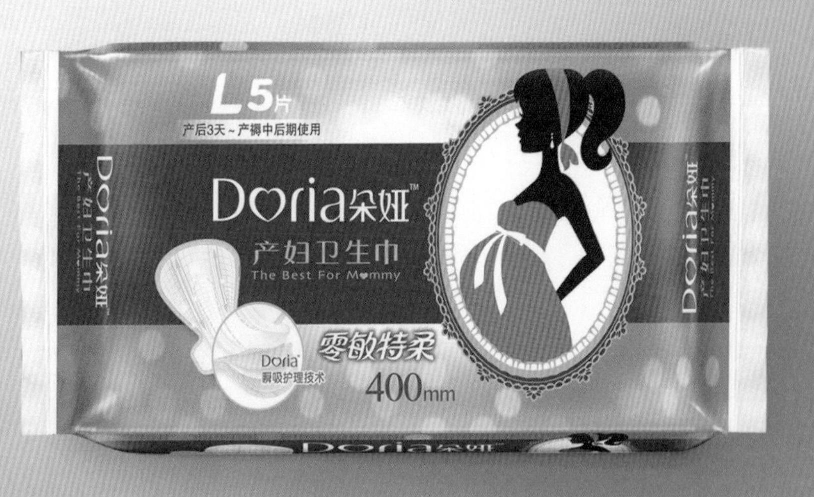
L 5片
产后3天～产褥中后期使用
Doria朵娅™
产妇卫生巾
The Best For Mommy
零敏特柔
Doria
瞬吸护理技术
400mm

deep sea mineral hydrating cream
missaqua

deep
issaqua

第八面向

商品包裝是將客戶的行銷概念視覺化

以美學為核心的包裝視覺化概念

包裝要如何使

消費者買我？

古早
地瓜簽
www.kky.com.tw
金彩好米
白米

美學在品牌

傳播的重要性

許多品牌行銷人員
滿腦子品牌塑造

但是關注的焦點卻是媒體採購成本的降低

想炒作創意上的短線

使用的卻是
絕對安全的策略

他們都已經忘了

究竟是哪些東西
可以提供給消費者

哪些東西才能真正地讓消費者感到滿意

哪些事物才能吸引消費者的光臨

得意中華
頑皮滷味
PLAYFUL
鳳爪 Chicken Claws
得意中華
頑皮鐵蛋
PLAYFUL
辣味 Spicy
由此撕開 open ▶

由此撕開 open ▶
得意中華
頑皮豆干
原味豆干
Original
(Non-GM)
台灣製造
MADE IN TAIWAN

再者由於科技與資訊的發達
使得商品差異性縮小

對大部份消費者而言

各品牌
都能滿足其基本需求

因此唯一能夠產生差異化的

就是創造難忘的感知經驗

COMPANION
良友牌®
AUTHENTIC•SINCE 1959
COMPANION PREMIUM QUALITY WORLDWIDE
Chinese Express Cuisine™
Lo-Han-Chai
Arhan's Assorted Vegetables
Started in early-10th century Chinese, this delicacy was dedicated to 18 Lo-Hans (Arhans, or Worthy Men). A classic combination of fresh shiitake mushrooms, cloud ears, carrots, bamboo shoots, high fiber soy protein and konjac fiber creates a nutritious and tasty meal that will delight vegetarians and meat eaters alike.
Cholesterol Free • No Saturated Fat • High in Protein • No MSG • No Preservatives • Meatless • No Artificial Coloring or Additives
Authentic Chinese Delicacy
READY TO SERVE IN 5 MINUTES • NEEDS NO REFRIGERATION
NET WT. 10 OZ.(280g)
Lo-Han-Chai (Arhan's Assorted Vegetables)

而當商品
本身的差異化日漸泯滅時
唯有美學與視覺化
得以創造難忘的感知經驗

其實美學並無任何奧祕可言
它早已存在於商品品牌性格
與消費者生活之中

南僑
膳纖熟飯
全國第一榮獲健康食品
認證健康米飯!!
關心血糖值
血糖值
www.
omefun.
com.tw
90
4 710060 010012

包裝藉

品牌視

美學解決

別差異化

Virginia Postrel

在《風格 美感 經濟學》

一書裡提到

早在 1927 年

美國極具影響力的廣告界大老

Earmest Elmo Chalkins 就在《大西洋月刊》

上發表一篇標題為

< 美將成為新的商業工具 > 的文章

Chalkins 認為，在競爭壓力之下
汽車、留聲機、包裝類商品、店舖、燈具
廚房及浴室全都必須變得愈來愈好看

消費者已經無法再滿足於
廉價的商品及簡陋的房子

POOGY RED
葡吉紅
Vol.9.5%

消費者要求實用的美
令人驚嘆的美

消費者用來過生活的東西全都要美美的

味丹
麵
哈燒牛肉
打開、沖水、搖起來、免撕調味包
味丹
麵
哈燒牛肉
元氣海鮮

Chalkins 可謂先知之言

然而時至今日

由於科技與資訊的發達

商品的差異性縮小

甚至毫無差異性可言

能夠創造差異性的

就只能依賴行銷傳播的塑造了

而如果資源不足以挑選使用其他傳播工具

那麼商品包裝就得擔當
品牌視覺識別
差異化的重責大任

包裝藉由美學

促進行銷銷售

在 Bernd Schmitt 與
Alex Simonson 共同著作的
（大市場美學）一書中
便提到：

「美感的體驗以及美感的需求是層次較高的需求，
人們只有在基本需求獲得滿足後
才會追求以上兩者。」

熟釀
【日式醬油】
薄鹽醬油露

這些作者主張

現在消費者
已經對基本需求滿足了

所以企業應該專注於

滿足顧客的美感慾望

因此如果商品本身的差異性泯滅

那麼美學可以藉由包裝
來展現其差異化

來打動消費者

促進銷售

黑橋牌
BLACK
BRIDGE
Fried Pork Fibers
黑橋牌
BLACK
BRIDGE
旗魚脯
Dried Sword Fish Fibers

黑橋牌
BLACK
BRIDGE
特製肉絨
Dried Pork Fibers

第九面向

如何思考商品包裝的設計方向

包裝美學傳播策略內涵

行銷策略或傳播策略這麼重要的事
客戶應該自己思考周全

不該交給包裝設計師來思考

HunaGee
宏基蜂蜜
absolute
winter
honey
絶對冬蜜
花露之美

包裝設計師的專長在視覺化

對行銷策略或傳播策略的思考
反而是不專業的

視覺化策略思考點

企業主或廣告主
該提供給包裝設計師的資訊
有以下幾項

市場

我們商品所面對的市場是怎麼樣的一個市場？

描述一下我們的目標對象或消費者

8片
七度空间
SPACE 7
少女空间卫生巾
10片
七度空间
SPACE 7
少女空间卫生巾
纯棉表层
日用超薄
透气·专为少女一族设计(245mm)
10片
七度空间
SPACE
少女空间卫生
纯棉表层
夜用超薄

競爭品牌

競爭品牌有哪幾個？

如果消費者不買我

他會買哪一個競爭品牌？

這些競爭品牌的商品特色有哪些？

他們擺在貨架上的感覺如何？

他們在賣場多做了些甚麼？

品牌定位

我們希望在消費者心中建立的

品牌位置或品牌形象

我們期望

在消費者心中建立怎樣的品牌位置或品牌形象？

要達到這個目標

我們必須對消費者說甚麼？

而同時

又必須能與競爭品牌差異化

這樣要如何在商品包裝上呈現？

100%純紙纖維
la lune 蘭韻
化妝棉 Facial Puff
For Every Unique Face
You look different because you feel different
完全不留棉絮在臉上的化妝棉
180片裝

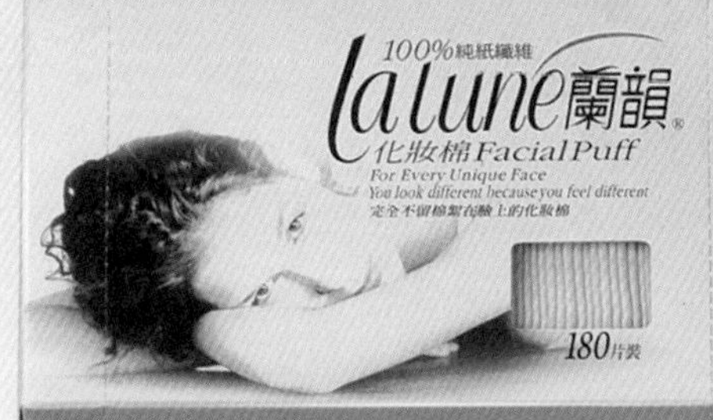
100%純紙纖維
la lune 蘭韻
化妝棉 Facial Puff
For Every Unique Face
You look different because you feel different
完全不留棉絮在臉上的化妝棉
180片裝

100%純紙纖維
la lune 蘭韻
化妝棉 Facial Puff
For Every Unique Face
You look different because you feel different
完全不留棉絮在臉上的化妝棉
180片裝

或者

我們正面臨某種行銷或傳播的狀況

我們需要做甚麼？

說甚麼？

才能解決問題

如果要落實到包裝上

需要怎麼做？

Anerle
安儿乐
扭扭弹力裤™
Elastic Diaper
轻松好学步
易拉侧边
穿脱自如
XL 15+2片
Anerle
安儿乐
扭扭弹力裤

Anerle
安儿乐
扭扭弹力裤™
Elastic Diaper
轻松好学步
易拉侧边
穿脱自如
XL 15+2片
Anerle
安儿乐
扭扭弹力裤
Elastic Diaper

在確定對消費者說什麼之前

我們必須了解自身的商品與商品線

自己的價位

自己的商品特色

以及自己過去的包裝與賣場廣告

妙潔®
PE袋
厚實耐用，防漏升級！
無氯無毒，保鮮保健康！
家事的好幫手！
全新防漏
台灣製造
[大]50入
25cmx38cm

妙潔®
PE密實袋
獨特雙夾鏈 密封看得見
家事的好幫手！
防潮、防異味
27cmx28cm
15入
大

妙潔®
PE密實袋
立體雙夾鏈 密封看得見
家事的好幫手！
密封、防潮、鎖新鮮
25入
中

妙潔®
PE袋
厚實耐用，防漏升級！
無氯無毒，保鮮保健康！
家事的好幫手！
全新防漏
[小]100入
18cmx25cm

我們商品的消費者利益是甚麼？

也就是我們的商品能帶給消費者的好處是甚麼？

如果已經知道我們的商品

能夠帶給消費者某種好處

那我們又需要知道

是為什麼原因能夠讓我們提供這種好處？

消費者是在
哪一種通路購買我的商品？

是在大賣場？

還是在便利商店？

還是一般超市？

通路店格

消費者對這通路的感覺如何？

這通路與其他通路的不同點是甚麼？

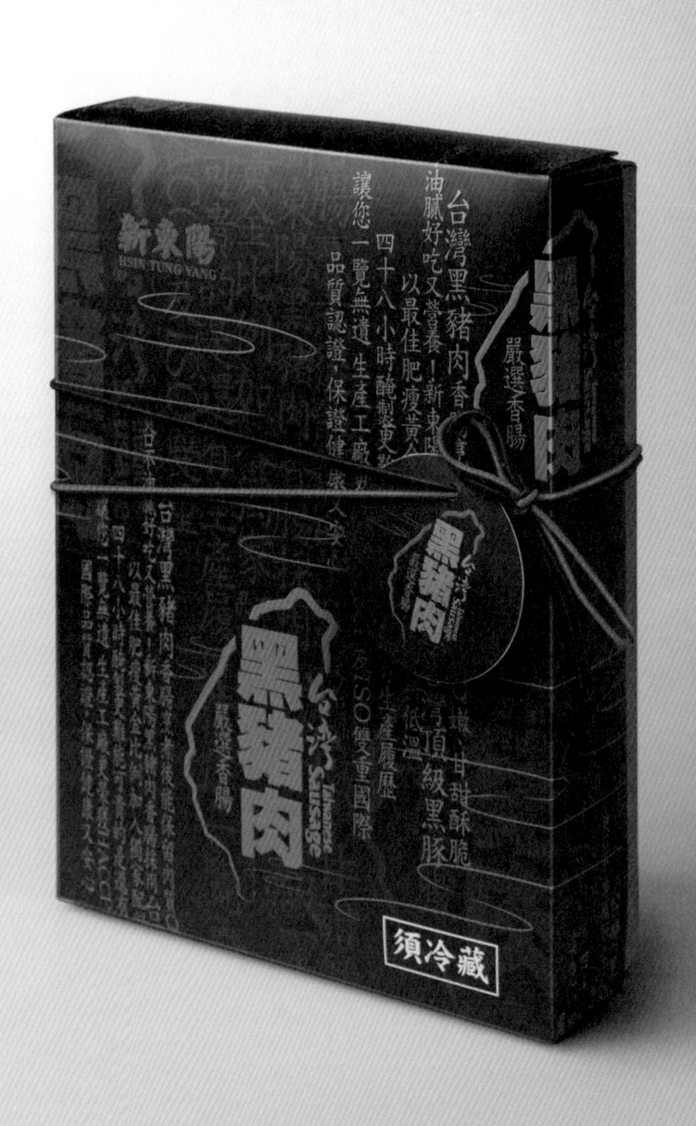
新東陽
HSIN TUNG YANG
台灣黑豬肉香
油膩好吃又營養！新東陽
以最佳肥瘦
四十八小時醃製
讓您一覽無遺 生產工廠
品質認證，保證健
嚴選香腸
黑豬肉
台灣
Taiwanese Sausage
嫩、甘甜酥脆
灣頂級黑豚
低溫
生產履歷
及ISO雙重國際
須冷藏

通路貨架

是怎樣擺設與陳列的？

通路地域

通路所在的區域狀態如何？

賣場會怎樣促銷來讓我多買呢？

最後我們要決定的是調性

要用怎麼樣的一個調子來呈現包裝呢？

或者要用怎麼樣的

一個態度來跟消費者溝通呢？

以上是我們認為
一些重要的元素

方便我們製作包裝

與消費者進行溝通

第十面向

講到這裡

你會不會還是要笑我

現在甚麼時代了
還在談包裝？

現在是怎麼樣的時代？

有人說是網路時代
有人說是電子商務時代

也有人說是行動商務時代

都沒錯

咖啡廣場
CaféPlaza
調合式冰咖啡
Coffee
CaféPlaza

OMG

在台灣

個人電腦不是人人都有

但是手機門號開通的數量
卻是超過台灣人口數的

這不表示說每個人都有一支
或一支以上的手機

而是表示手機普及率
非常的高

RedH.
TAIWAN
KAOLIANG

RedH.
台灣
TAIWAN
KAOLIANG
35°

而據統計

智慧型手機的數量已經超過
手機整體數量的百分之50

年輕族群甚至已經從臉書逃向 LINE
或微信的時候

我們卻還在談傳統行銷
傳播最基本的東西

有沒有搞錯啊？

完全沒搞錯!!

我們要提醒的是

消費者只是對新媒體
與新通路的使用有了改變

Wilson
Select White Wine
Wilson red wine
Wilson
Select White Wine
Wilson white wine
11%vol 750ml

但是消費者對商品的購買的地點可能改變
對商品的使用行為可能改變
但是消費者還是會習慣買有包裝有品牌的商品

因此包裝對商品
還是非常重要的

消費者只是從看電視

轉為看網路或看手機

進而

從超市賣場的貨架

轉到網路購物

100%
维義
Weiyi
Extra Virgin Olive Oil
500ml
台灣製造

因為不管在電腦螢幕或手機螢幕

消費者對商品的第一印象
還是包裝

大成 DaChan
雞本享受
奶油起司
優質雞塊
Golden quality
99.9%
純肉雞塊一看就知道

第十一面向

你認為
奧格威與伯恩巴克

還是能在網路上

寫出極具銷售力的作品嗎？

我們經常聽到
傳統媒體的廣告人或創意人

不願把眼光
正視網路或行動媒介

Mind Act Upon Mind
心相印
Facial Tissues 面巾紙
Mind Act Upon Mind
心相印
Facial Tissues 面巾紙
Mind Act Upon Mind
心相印
Facial Tissues 面巾紙

總是認為
那是另外的一個世界

就算是勉強使用網路或行動媒介

也都是出於被迫或被動

Protective Gear
Gear Protective
Comefree
遠赤外線
Medical Systems
Protective Gear
Knee Suppor
Gear Protective

Protective Gear
Gear Protective
Comefree
遠赤外線
Medical Systems
Protective Gear
Knee Suppor
Gear Protective

所以我們要問

過去在傳統媒介上的知識與經驗

對網路或行動媒介

一點用處都沒有嗎？

那為何會有某科技公司說

科技始終來自於人性

而某公司最後還是被收購

20 多年前在奧美教育訓練時

看到一篇文字讀到

伯恩巴克去世前不久

接受記者的訪問

記者問到
未來廣告的趨勢

他表示

Anerle
安儿乐
零感丝薄
L U型纸尿片
22片 9-13Kg
Anerle
安儿乐
超强二合一 吸收芯体
超吸干爽!
U型纸尿片
L20片 9-13Kg +2
Anerle
安儿乐
全新超薄吸收芯体
超薄透气
U型纸尿片
L32片 9-13Kg

討論趨勢是

件很時髦的事

但是創意人員
要掌握的是人性

而人性是千百年不變的

炭
Carbon
FacialFoam
〔炭✚鹽洗面乳〕
双重潔淨 加倍呵護
含30%天然海鹽

所以

但也許你寫的文案
總是出現在谷歌搜尋前幾名
大大領先他們倆

홍삼
CHIII
Red Ginseng
Emulsion
홍삼
CHIII
Red Ginseng
Emulsion
홍삼
CHIII Red Ginseng Sleeping

那可能是因為

你買了關鍵字廣告
或者是你用了
SEM(搜尋引擎行銷)
SEO(搜尋引擎最佳化)吧

さぬき。
讃岐
大膳拉麵
だいぜんラーメン
白上湯豚骨風味
急凍保鮮，Q勁十足
不需解凍，快煮微波兩相宜
絕不添加防腐劑
急凍熟麵。
-18°C以下冷凍儲存
日本進口！
白上湯醬汁包
3食入
調理參考例

讃岐
さぬき
烏龍湯麵
日本柴魚風味。
●急凍保鮮，Q勁十足
●不須解凍，快煮一分鐘
●絕不添加防腐劑
急凍熟麵。
-18°C以下冷凍儲存
【附日本進口柴魚醬汁】
不須解凍
230gX3食入

絹絲
細麵
讃岐
さぬき
柔亮細白絲綢般的麵條，搭配日式鰹魚昆布醬汁
更可品味御用典雅的風味
急凍熟麵。
三食入
-18°C以下冷凍儲存
230gX3食入
內附日本進口柴魚醬汁

奧格威與伯恩巴克如果活在現代
當然還是能在網路上創作出
極具銷售力的作品的

因為他們瞭解消費者
而且熟練於銷售

海霸王
HaiPaoWang
蒜蓉辣豆瓣醬
Hot Chili Bean Sauce W/Garlic
Tuong Hot Ot Toi
NETWT.:400G/14OZ/內容量400公克

就像是
網路店電子商務的商品
還是需要包裝一樣

有些事情的基本道理是不會變的

比如人性

第十二面向

好好做好基本的工作

RAINBOW
虹牌油漆

RAINBOW
虹牌油漆
860
水性水泥漆
WATER BASED PAINT

科技進步快速
常有新名詞誕生

前幾年常聽人說

數位匯流

當你都還沒搞懂
可能新的名詞又出來了

最近又有人說

多螢世代

十多年前的手機
只是個電話
現在的手機
卻成了隨身的資訊中心

前幾年常有人玩開心農場

使得臉書大紅

最近年輕人卻大批轉到 Line 去玩貼圖了

樂
有機黑豆乳
濃度UP
健康養生 使用有機栽培大豆！
Organic
Black Soymilk
第一家通過有機農糧加工品驗證 原產地：台灣
360 ml

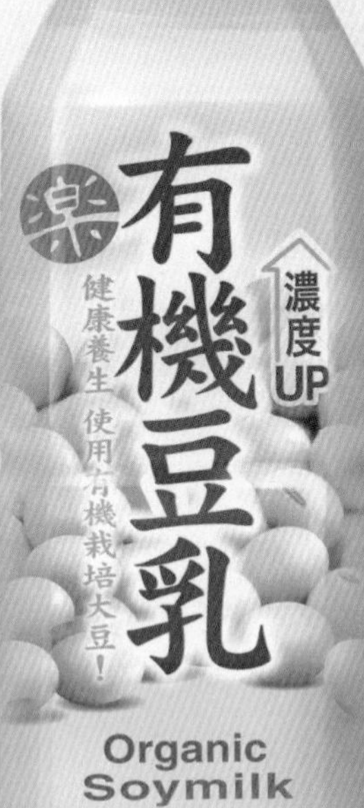

樂
有機豆乳
濃度UP
健康養生 使用有機栽培大豆！
Organic
Soymilk
第一家通過有機農糧加工品驗證 原產地：台灣
360 ml

我想提醒的是

無論是

社群互動

或行動購物

或多螢世代

消費者改變的是媒體的使用
廣告主改變的是媒體的運用

我們想問的是
科技幾乎改變了世界
也改變了媒體

消費者所購買的商品
本身有改變嗎？
廣告主對商品該做的基本工作
有改變嗎？

我這樣說好了

科技的確帶來了巨變

但是商品的基本工作並未改變

而商品包裝就是基本工作之一

不論面對怎樣的巨變

就是必須做

而且必須好好的做

Kellogg's
百年品牌 专注营养
家乐氏
香甜玉米片
FROSTIES
原粒玉米 9 佳营养
非油炸
原装进口
净含量:175克
营养谷物早餐
Kellogg's
家乐氏

現今當紅的電動車特斯拉的執行長 Elon Musk
就曾表示

特斯拉從不做廣告
而是把資源投入研發和生產設計
不斷改進產品

亲亲®
Qinqin
虾条
SHRIMP
CRACKER
火爆翻天辣味
非油炸
净含量:50克
焙烤型膨化食品

而更稀奇的是特斯拉沒有經銷商

只有直營店

大多數的企業主資源有限

沒有直營店

必須與其他品牌

一起擺放在商店貨架上

請務必好好的做包裝
將包裝視為商品的一部份

SUPER
CRUNCH
ROCKING ORANGE CHOCOLATE
WITH RUM RAISIN

SUPER
CRUNCH
ROYAL BERRIES

SUPER
CRUNCH
COFFEE RUM
RAISIN
咖啡蘭姆葡萄

SUPER
CRUNCH
BRANDIED BLACK
CHERRY
酒釀黑櫻桃

對談錄

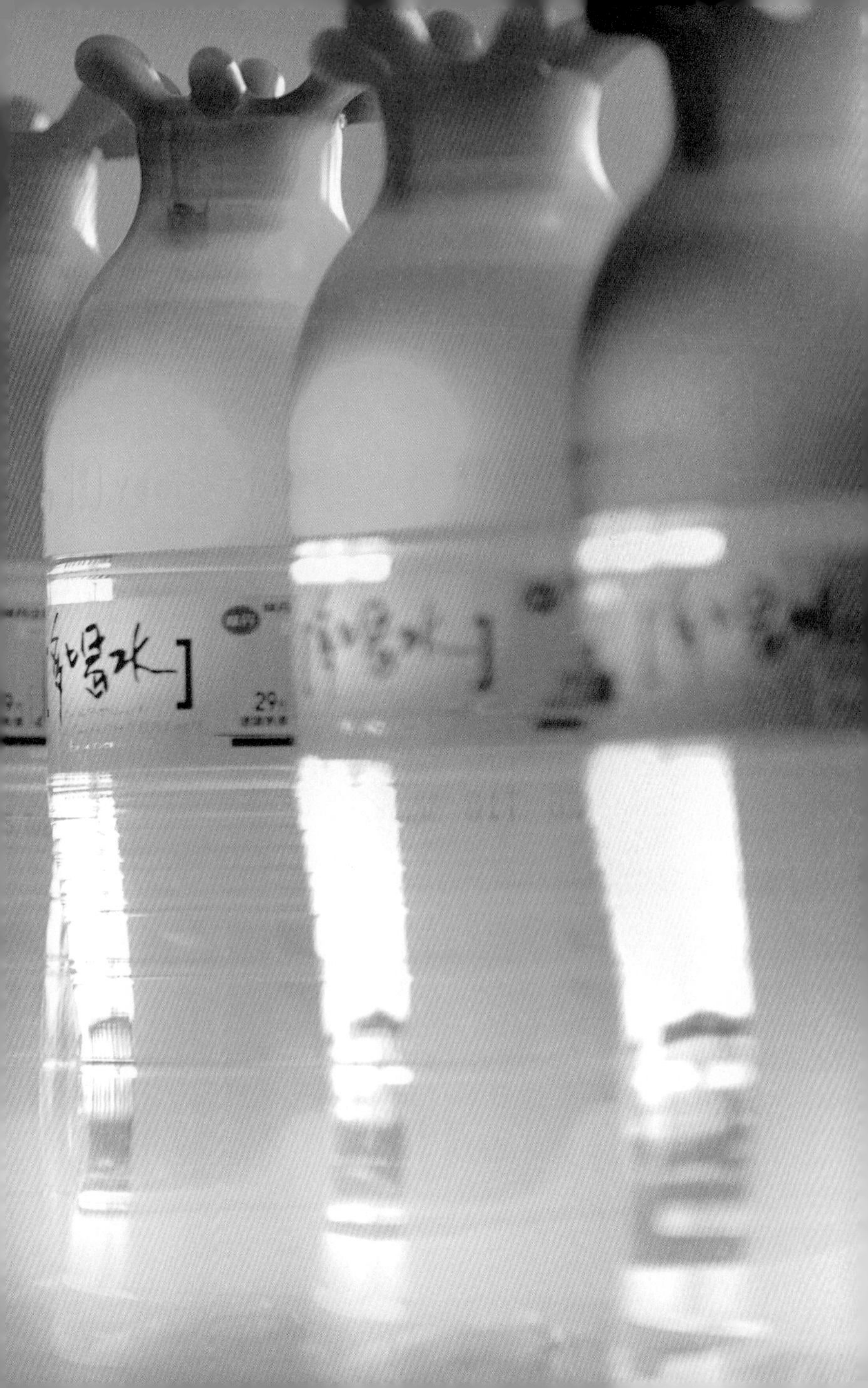

一個包裝設計

與行銷人員該如

者應有的條件

對包裝設計者？

客戶

你如何認知你的工作

Airtea
汽茶
檸檬紅茶
4711160 001214

小唐

將客戶商品的包裝概念視覺化

用包裝視覺化來達到品牌的視覺化

蔬果
瓶子
RubyRed
Grapefruit
葡萄柚汁
蔬果
瓶子
Apple
Celery Juice
果芹菜汁
UPTO
25%
蔬果
瓶子
Asparagus
Juice
綠蘆筍汁
UPTO
20%

客戶

客戶應該與包裝設計師討論策略嗎？

小唐

行銷策略與傳播策略不是設計師的專業

我們的專業是視覺化

視覺化則有設計師的考量

會與客戶討論

客戶

那客戶應該與設計師論包裝的印刷與材質等事務嗎？

唐點子
新東陽
無糖
肉鬆蛋捲
肉デンブエッグロール
HSIN TUNG YANG

小唐

設計師是應該具備一些印刷與材質的知識
如果不具備的話

設計的作品會與現實有差距

很多客戶其實包裝的材質

印刷等事務確定後

才開始找設計師

所以設計師很重要的工作就是

把客戶的需求
加以視覺化的表現出來

客戶

你對設計師的期待

12%
冰鳥
ALC/VOL
冰鳥紅酒
full-bodied wine
Taiwan
750 ml

小唐

最重要的他要必須專注

行銷的專業，清楚客戶的需求

溝通的能力，跟客戶溝通順暢

美學的品味，將客戶的需求視覺化

賣場的嗅覺，給包裝加上銷售力

包材的知識，與競爭品牌差異化

更深入一點來講

他必須

創意的觀念

能夠耳目一新

對於商品的知識

除了客戶的簡報

自己也要去觀察

品牌的觀念，使我牌與他牌差異化

市場的知識，商品市場的特色為何？

通路的常識
知道消費者在通路的情境

貨架的知識，怎麼擺差很大

對競爭品牌的看法，了解強項與弱項

消費者的輪廓
消費者對這類商品的觀念
消費者對這類品牌的感覺

客戶

行銷人員應該如何面對包裝設計師

該做好那些準備工作？

U·May
海藻de酢
今日の健康ひとことりでは
Seaweed de Vinegar
梅子Plum Flavor

小唐

策略、市場、競品、定位品牌性格等

簡報盡量清楚

Serena
喜年來
百分百天然紅麴製作
紅麴薄餅
MONASCUS CRACKERS
5片X6包入 / 奶素

客戶

行銷人員該如何與包裝設計師討論包裝？

小唐

在策略的基礎上直話直說

客戶

你認為該如何判斷包裝的優劣？

小唐

看有沒有符合策略的期待

拉開
有效日期年月日
優鮮沛
OPEN OTHER SIDE
双莓青茶
CRANBERRY
PLUM TEA
蔓越紅莓
鮮綠梅果的滋味
優鮮沛

結語

如果

您看不懂我們在講甚麼

請您再看一遍吧

MaGUNG
媽宮
Brown Sugar Cake
DreamCake黑糖糕
Please enjoy the unique taste. 澎湖
馬公 It will bring you a wonderful dream.
黒飴ケーキ Since 1968
MaGung Delicious

我們要說的其實很簡單
解放你的行銷傳播思考

Cupid
Selected
Red Wine
10.5%vol 750ml
丘比特紅葡萄酒

認真的挑選你的工具
好好的運用你的工具

3點1刻
Oolong Flower
& fruit Tea
Rose And Apple Flavor
台灣烏龍花果茶
玫瑰蘋果

如果你只能做包裝
看看我們能幫得上忙嗎？
如此而已

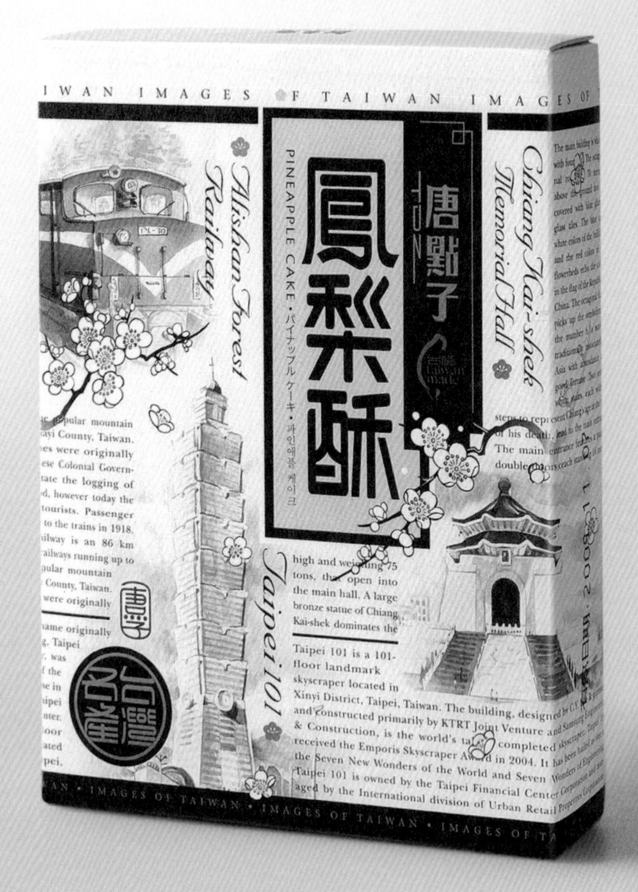
IWAN IMAGES OF TAIWAN IMAGES OF
鳳梨酥
PINEAPPLE CAKE・パイナップルケーキ・파인애플 케이크
唐點子
Alishan Forest Railway
Chiang Kai-shek Memorial Hall
Taipei 101
high and weighing 75 tons, that open into the main hall. A large bronze statue of Chiang Kai-shek dominates the
Taipei 101 is a 101-floor landmark skyscraper located in Xinyi District, Taipei, Taiwan. The building, designed
and constructed primarily by KTRT Joint Venture
& Construction, is the world's tallest completed
received the Emporis Skyscraper Award in 2004.
the Seven New Wonders of the World and Seven
Taipei 101 is owned by the Taipei Financial Center
aged by the International division of Urban Retail
IMAGES OF TAIWAN • IMAGES OF TAIWAN • IMAGES OF TA

我愛工作，更愛為包裝工作

包裝設計對別人是一種職業

對我而言，則是一生的承諾

值得用生命投入

與包裝相遇結緣的這 30 幾年

就像談一場 30 幾年的戀愛

無怨無悔，無窮回味

唐惠中

小唐視覺包裝設計有限公司 總經理

奧美廣告公司 包裝設計

長榮中學美工科畢業

數十年來

靠著夥伴、客戶、好友及家人

的全力支持

才有今天這本書的出版

謝謝大家！

小唐 說　Listen to Tang

作者：唐惠中

設計：沈子淮

攝影：沈子淮

出版：小唐視覺包裝設計有限公司

105 台北市敦化南路一段 57 號 9F-1

Tel:02 2578 9016　www.tang80.com.tw

經銷商：桑格文化有限公司

台北市復興北路 15 號 14F 1417 室

Tel: 02 2777 3020　www.sungoodbooks.com

印刷：華顏印刷股份有限公司

Tel: 02 8811 1158

本版發行：2014 年 7 月

定價：NT$680

Published by Tang Brand Solution

Tang Brand Solution 小唐視覺包裝設計有限公司

105 台北市敦化南路一段 57 號 9F-1

9F.-1, No.57, Sec. 1, Dunhua S. Rd., Songshan Dist., Taipei City 105, Taiwan (R.O.C.)

Tel:02 2578 9016　www.tang80.com.tw

國家圖書館出版品預行編目資料

小唐說 Listen to Tang

唐惠中 編著　初版 / ISBN 978-986-90753-0-5（平裝）

1. 商品 2. 包裝 3. 行銷傳播　496.18　103010592